兒童經典啟蒙叢書

弟子規

新雅文化事業有限公司
www.sunya.com.hk

認識《弟子規》

《弟子規》的作者和成書時間有不同的講法，一般認為它是清朝康熙年間由教育家李毓秀所編，原本叫做《訓蒙文》。數十年後，在乾隆年間，學者賈存仁加以修訂和改編，還把它改名為《弟子規》。「弟子」指學生，或是以前的人用來稱呼年齡比自己小的人；「規」即規範，在這裏可理解為學生在言行舉止方面的規條、生活的規範。

《弟子規》全書分為「總敍」、「入則孝」、「出則悌」、「謹」、「信」、「泛愛眾」、「親仁」、「餘力學文」八個部分，講述孩子在家、在外、待人接物、為人處事和求學五方面要遵守的禮儀和規範。全書三字一句，讀起來琅琅上口，具節奏感。

正如全書開首的「總敍」寫到，這本書是根據聖人孔子的

教誨而編成的，所指的是出自《論語》的內容：

子曰：「弟子入則孝，出則悌，謹而信，泛愛眾，而親仁。行有餘力，則以學文。」（《論語．學而》）

孔子認為，學生要孝順父母，尊敬兄長，行事要謹慎、認真，重視誠信，還要廣施愛心，親近有仁德的人。做到這些，還有餘力的，就應該努力學習。這些品德修養、做人處事的要求，雖然經過了數百年，但是在今日來看仍有可取的地方，值得孩子學習。

不過，隨着時代轉變，前人的規範，在今時今日不見得能全部通行，生搬硬套。所以，我們在鼓勵孩子誦讀經典、學習古人智慧的同時，也要教導孩子靈活思考，擇善而從。

目錄

總敍

入則孝

出則悌

謹

泛愛眾

親仁

餘力學文

總敍

《弟子規》是起源於清朝的兒童啟蒙讀物，講述孩子在家、在外、待人接物、為人處事和求學等方面的禮儀和規範。當中最重要的是什麼呢？

翻到下一頁，看看古人怎樣說。

dì zǐ guī shèng rén xùn shǒu xiào tì cì jǐn xìn
弟子規，聖人訓。首孝悌，次謹信。

fàn ài zhòng ér qīn rén yǒu yú lì zé xué wén
泛愛眾，而親仁。有餘力，則學文。

語譯

《弟子規》這本書是學童在言行、學習等方面的行為規範，是根據聖人孔子的教誨而編成的。當學生、做晚輩的，在日常生活中最重要的是孝順父母，尊敬長輩，友愛兄弟姊妹、和睦共處，其次行事要謹慎，講信用，守承諾。做人應該有愛心，能愛眾人和萬物，並要多親近品德高尚的人，向他們學習。做到了這些，還有剩餘的時間和力氣，應該努力學習，增長知識。

人物故事

舜帝孝順又賢明

舜是遠古時期的部落首領，也是賢明孝順的帝王。舜自小孝順父母，關愛弟妹，以孝聞名於天下。雖然舜的父親、後母和弟弟都不喜歡他，還多次設計陷害他，舜還是對父母恭敬孝順，愛護弟弟，終使他們感動，一家人和睦相處。後來，舜當上了部落首領，更成為天下共主。他能仁愛萬民，把政務處理得井井有條，更親自率眾治理水患，得到人民的愛戴和尊崇。

小腦袋想一想

1. 古人認為最重要、應最先做的是「孝悌」，「孝悌」是什麼意思呢？
2. 這裏提到的幾個行為規範，哪些你已經做到了？還有哪些要繼續努力的？
   - 孝順父母
   - 行事謹慎
   - 有愛心
   - 努力學習
   - 與兄弟姊妹和睦共處
   - 守承諾
   - 多親近品德高尚的人

文化小百科

孔子的教育方法——因材施教

孔子教育弟子時着重「因材施教」，也就是根據他們的能力、性格、背景等，給予不同的教導。就如怎樣做到「孝」，孔子對弟子孟懿（粵音意）子說，凡事不違禮，父母在生時依禮侍奉，父母逝世也要依禮埋葬和祭祀；對孟武伯就說，要愛護自己，不要讓父母擔心；又對子游說，孝不只是在形式上供養父母，心裏也要尊敬父母；還對子夏說，要真心侍奉父母，時刻和顏悅色。

家長教育孩子時，可留意孩子的能力和興趣，選擇適合自己孩子的學習方法和資源。

入則孝

「孝」指孝順、敬愛父母。我們要孝順父母，可以怎樣做呢？古代有哪些關於孝順的例子和故事？

翻到下一頁，看看古人怎樣說。

fù mǔ hū，yìng wù huǎn；fù mǔ mìng，xíng wù lǎn。

父母呼，應[①]勿緩；父母命，行勿懶。

fù mǔ jiào，xū jìng tīng；fù mǔ zé，xū shùn chéng。

父母教，須敬聽；父母責，須順[②]承。

注釋

① 應：回應。

② 順：虛心。

語譯

聽到父母呼喚，應該馬上回應，不要拖延；聽到父母的吩咐，應該馬上行動，不要懶散敷衍。對於父母的教誨，應該恭敬地聆聽；對於父母的責備、批評，應該虛心接受。

人物故事

蔡襄修橋完母願

蔡襄是宋代人，小時候曾與母親盧氏乘船渡過洛陽江。期間有強風吹翻小船，母子二人掉進江中，幸好得人相救，不致喪命。此後，蔡襄的母親常常提起這件事，並勉勵蔡襄努力讀書，考取功名，將來要在洛陽江上修建大橋，造福百姓。蔡襄長大後考中進士，當上了官員。他多次向皇帝請求回鄉，可惜未獲批准。在他積極爭取之下，皇帝同意了他的請求。蔡襄回鄉後，按照母親的吩咐，在洛陽江上修橋，並且親自監工，最終築成洛陽橋，完成母親的心願。

3

dōng zé wēn　xià zé qìng　chén zé xǐng　hūn zé dìng
冬則温，夏則清①。晨則省②，昏則定。

chū bì gào　fǎn bì miàn　jū yǒu cháng　yè wú biàn
出必告，反必面。居有常，業無變。

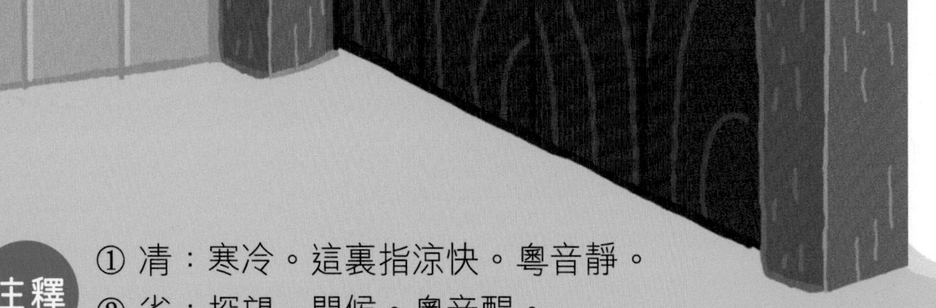

注釋

① 清：寒冷。這裏指涼快。粵音靜。
② 省：探望、問候。粵音醒。

語譯

冬天時要讓父母感到温暖，夏天時要讓父母感到涼快。早上起來要先看望父母，向他們請安問好，晚上回家後要告訴父母，使他們安心。出門前要告訴父母，回來後要去見見父母，讓他們知道你回來了，以免他們擔心。日常生活、起居作息要有規律，不隨意改變職業、更換工作，不要讓父母擔憂。

人物故事

黃香温席

黃香是東漢時候的人，在他九歲時，母親就去世了，留下黃香和他的父親相依為命。黃香很懂事，常常幫忙做家務，又盡心服侍父親。夏天時，他會在父親睡覺前，用扇子趕走蚊蟲，又把牀鋪扇涼，才去請父親上牀睡覺。冬天時，他怕父親着涼，事先鑽入父親的被窩裏，用自己的體温把牀鋪烘暖，以便父親舒服地入睡。黃香的孝行很快傳了開去，人們都稱讚他是孝子。

4

shì suī xiǎo wù shàn wéi gǒu shàn wéi zǐ dào kuī

事雖小，勿擅為；苟擅為，子道虧。

wù suī xiǎo wù sī cáng gǒu sī cáng qīn xīn shāng

物雖小，勿私藏；苟私藏，親心傷。

語譯 即使是很小的事情，也不要擅作主張，應該和父母商量。如果擅自作主，就有損為人子女的道義。即使是細小的物件，也不要偷偷地藏起來。如果偷偷地藏起來，不讓父母知道，這樣會使父母傷心。

人物故事

陶侃送魚遭母責

東晉時有一名賢臣陶侃（粵音罕），他年輕時曾擔任管理漁業的官職。有一次，他把官府裏的一罐醃魚寄給母親，請她品嘗。陶侃母親知道那罐醃魚是官府物品後，立即把罐子封好，命人退回去，還寫信斥責兒子，不應擅取公物。她在信中說：「你身為官員，竟拿公家物品來送給我，這不但沒有好處，還增加了我的憂慮。」陶侃十分慚愧，自此遵從母親的教誨，成為一名廉潔愛民的好官。

粵  普 

5

qīn suǒ hào lì wèi jù qīn suǒ wù jǐn wèi qù

親所好，力為具；親所惡，謹為去。

shēn yǒu shāng yí qīn yōu dé yǒu shāng yí qīn xiū

身有傷，貽親憂；德有傷，貽親羞。

語譯 父母喜歡的東西，應該盡力去準備；父母討厭的東西，應該謹慎地去除。如果身體受傷或生病，就會使父母擔憂；如果品德修養有不好的地方，或者做事有損道德，就會使父母蒙羞。

人物故事

范宣傷指

東晉時有一個叫范宣的孩子，為人孝順。范宣八歲的時候，有一次在後園挖菜，不小心弄傷了手指，頓時大哭起來。有人問他：「你的手指是不是很痛？」范宣說：「我不是因為痛而哭的。我的身體是父母給我的，平時都不敢輕易使它受到損傷。如今我的手指受了傷，我覺得對不起父母，於是大聲哭出來。」

6

qīn ài wǒ xiào hé nán qīn zēng wǒ xiào fāng xián

親愛我，孝何難；親憎我，孝方賢。

qīn yǒu guò jiàn shǐ gēng yí wú sè róu wú shēng

親有過，諫使更。怡吾色，柔吾聲。

jiàn bú rù yuè fù jiàn háo qì suí tà wú yuàn

諫不入，悅復諫。號泣隨，撻無怨。

語譯

父母愛我們，我們孝順父母，沒有什麼難度；父母不喜歡我們，我們仍能孝順父母，這是難能可貴的。父母有過錯，我們應該勸他們改正。勸說的時候要和顏悅色，聲線柔和，態度誠懇。如果父母不聽勸，可以等到他們心情好轉，或是高興的時候，再次勸說。我們可能會因此感到傷心而哭出來，甚至遭到責打，但也不應該怨恨父母，因為我們是為父母着想，請他們不要再做錯事。

人物故事

閔子騫蘆衣順母

春秋時期有個叫閔子騫的孩子，他的繼母只疼愛自己親生的兩個兒子，很不喜歡閔子騫。冬天時，繼母給兩個兒子穿上棉花做的衣服，閔子騫只能穿上用不保暖的蘆花做成的「棉衣」。有一次，閔子騫為父親駕車時因寒冷而不小心鬆開了韁繩，父親以為他懶散，拿起鞭子就往他身上打，使衣服裂開，裏面的蘆花飄了出來。父親這才知道閔子騫的苦況，生氣得想休了妻子。閔子騫勸阻父親，說：「有繼母在，只是我一個人挨凍。要是繼母不在了，就有三個孩子要挨凍啊！」繼母知道後十分慚愧，從此平等對待三個兒子，一家人融洽相處。

qīn yǒu jí yào xiān cháng zhòu yè shì bù lí chuáng
親有疾，藥先嘗。晝夜侍，不離牀。

sāng sān nián cháng bēi yè jū chù biàn jiǔ ròu jué
喪[1]三年，常悲咽，居處變，酒肉絕。

sāng jìn lǐ jì jìn chéng shì sǐ zhě rú shì shēng
喪盡禮，祭盡誠。事[2]死者，如事生。

注釋

① 喪：守喪、守孝。粵音桑。
② 事：侍奉、對待。

語譯

父母生病時，子女應細心照顧他們，煎好的湯藥要先嘗嘗。如果父母病情嚴重，子女更應日夜守候在病牀前，隨時留意父母的情況。要是父母不幸去世了，（以前的人）要為父母守喪三年。守喪期間，常常想起父母而悲傷哭泣，居所的布置和日常生活要簡樸，不可喝酒吃肉。辦理喪事要跟從應有的禮儀，祭祀要誠心盡意。對待已去世的父母，要像他們在生時那樣恭敬。

人物故事

漢文帝親嘗湯藥

漢文帝劉恒對母親薄太后十分孝順，事事照顧周到。有一次，薄太后生病，漢文帝非常憂心，常常去探望母親，侍奉左右。他睡覺時不敢合上眼睛，沒有好好地睡過一覺，衣服也不解開腰帶，以便隨時去看望母親。母親的湯藥煎好了，漢文帝必先親自嘗過，才放心讓母親服用。就這樣過了三年，薄太后才康復過來。漢文帝盡心盡力照顧母親，他的孝行傳遍天下，得到百姓的讚賞和尊重。

小腦袋想一想

1. 父母呼喚你的時候，你有沒有立即回應？父母讓你做的事，你有沒有立即去做？
2. 父母指出你做得不好的地方時，你怎樣回應？有沒有想過為什麼父母會這樣說？
3. 你早上起牀後和晚上睡覺前，有沒有跟父母問好？
4. 你出門前有沒有跟父母說清楚你要去哪裏？回來後，有沒有跟父母說你已經回到家，以免他們擔心？
5. 你有沒有好好愛護自己的身體，避免受傷或生病？你有沒有留意父母的健康狀況，表達關心？

文化小百科

孝道故事集 ——《二十四孝》

中國自古以來重視孝道，不少典籍都提到「孝」，甚至以「孝」為重心。《二十四孝》就是二十四個關於孝的故事，有說是元朝的郭居敬編錄而成。本書也收錄了幾個《二十四孝》的故事，例如「黃香溫席」、「閔子騫蘆衣順母」、「漢文帝親嘗湯藥」等。有興趣的孩子，可找找相關的圖書，看看《二十四孝》還有哪些故事，想想當中有沒有值得學習的地方，哪些已不合時宜。

出則悌

「悌」即是敬重兄長，友愛兄弟。要和兄弟姊妹和睦共處，我們可以怎樣做呢？在長輩面前，我們要遵守什麼禮儀呢？

翻到下一頁，看看古人怎樣說。

xiōng dào yǒu dì dào gōng xiōng dì mù xiào zài zhōng
兄道友，弟道恭。兄弟睦，孝在中。

cái wù qīng yuàn hé shēng yán yǔ rěn fèn zì mǐn
財物輕，怨何生。言語忍，忿[1]自泯[2]。

注釋

① 忿：憤怒，怨恨。粵音憤。
② 泯：消除、消失。粵音敏。

語譯

當哥哥姐姐的，要友愛弟弟妹妹；當弟弟妹妹的，要恭敬對待哥哥姐姐。兄弟姐妹和睦共處，已經是孝順父母的表現了。財物都是不重要的東西，不要看得太重，這樣兄弟姐妹之間就不會因財物而生出怨恨。彼此在言語上互相忍讓，減少爭吵，憤怒和怨恨自然會消失。

人物故事

卜式慷慨分財

漢武帝時期有一個叫卜式的人，父母去世後，只剩下他和一個年少的弟弟，所以卜式很照顧弟弟。等到弟弟成年後，卜式與弟弟分家，他只要了一百多隻羊，其餘的財產如田地、房屋等都留給弟弟，自己帶着羊羣到山裏放牧過活。十多年後，卜式的羊已增加到一千多隻，他也買了田和房子。可是，弟弟這些年來把家產都花掉了，卜式不忍心看到弟弟挨窮受苦，多次把自己的錢財分給弟弟。卜式不重錢財、照顧弟弟的德行受到人們讚賞。

粵 普

9

huò yǐn shí　huò zuò zǒu　zhǎng zhě xiān　yòu zhě hòu
或飲食，或坐走，長者先，幼者後。

zhǎng hū rén　jí dài jiào　rén bú zài　jǐ jí dào
長[1]呼人，即代叫；人不在，己[2]即到。

注釋

① 長：長者、長輩。粵音掌。
② 己：自己。

語譯

做事要長幼有序，例如進食時，應該讓長輩先吃；入座時，應該讓長輩先坐；行走時，應該讓長輩先行。聽見長輩叫人，要代長輩去叫他；如果那個人不在，要主動走到長輩跟前，跟長輩説那個人不在，並聽候長輩吩咐。

人物故事

張良拾鞋

張良是西漢時期著名的大臣。有一次張良遇到一個老人故意把自己的草鞋丟下橋去，還大聲叫張良下去替他拾鞋。張良見老人很不禮貌，本來想不理他，但想到他是老人家，便走下橋去把鞋拾回來。老人又叫張良為他穿鞋，張良也照辦。老人滿意地笑着離去，叫張良五天後再來橋上會面。五日後，張良來到橋上時，老人已經在那裏了，還指責張良與老人相約，怎可比老人晚到？張良虛心受教，終有一次比老人早到。老人送他一本兵書，張良仔細研讀，後來成為了替漢高祖劉邦出謀獻策的謀士。

10

chēng zūn zhǎng　wù hū míng　duì zūn zhǎng　wù jiàn néng

稱尊長，勿呼名；對尊長，勿見能[1]。

lù yù zhǎng　jí qū yī　zhǎng wú yán　tuì gōng lì

路遇長，疾趨揖[2]；長無言，退恭立。

注釋

① 見能：炫耀才能。

② 揖：拱手行禮。

語譯

稱呼長輩，不應該直接叫長輩的名字；在長輩面前，不應該炫耀自己的才能。在路上遇見長輩，要快步走上前行禮打招呼；長輩沒有跟我們説話，就站到一邊，恭敬地待着。

人物故事

程門立雪

楊時是北宋時期的學者，他在四十多歲時，曾與好友前去當時著名學者程頤家中，打算向他請教。可是，他們來到程頤家時，程頤正在睡覺。兩人不想打擾老師，便靜靜地在門外等候。這天正好下着大雪，雪花落在地上，也落在楊時和友人身上。等到程頤睡醒時，發現門外站了兩個「雪人」，原來楊時和朋友在那裏等了他很久都沒有移動過，積雪已達一尺厚了。楊時和朋友尊敬老師、對長輩恭敬的良好品德一直受到人們的讚賞。

11

qí xià mǎ, chéng xià chē. guò yóu dài, bǎi bù yú.

騎下馬，乘下車。過猶待，百步餘。

zhǎng zhě lì, yòu wù zuò; zhǎng zhě zuò, mìng nǎi zuò.

長者立，幼勿坐；長者坐，命乃坐。

語譯

見到長輩時，如果你正在騎馬，就應該下馬；如果你坐在車上，就應該下車。即使長輩離開了，也要在原地等候，直到長輩離開了大約一百步那麼遠，才再上馬或上車。長輩站着的時候，晚輩不應該坐着；長輩坐下之後，等到長輩招呼大家坐下時，晚輩才可以坐。

人物故事

信陵君禮待老人

戰國時期魏國的信陵君以仁慈、謙虛見稱。他聽說有一位叫侯嬴的隱士在東門當看門人，生活貧窮，於是帶着厚禮前去拜訪，卻被侯嬴拒收。信陵君舉辦盛宴，等到賓客都坐好後，他親自駕車迎接侯嬴，還留出了表示尊上的左邊位置給侯嬴坐。侯嬴一身破爛，竟毫不客氣地坐上馬車，又多處留難信陵君。信陵君仍然以禮相待，還讓侯嬴在宴會上坐在上賓位置。信陵君尊敬老人、禮待賓客的態度不但感動了侯嬴，也贏得世人的尊重。

粵 普

12

zūn zhǎng qián shēng yào dī dī bù wén què fēi yí
尊長前，聲要低；低不聞，卻非宜。

jìn bì qū tuì bì chí wèn qǐ duì shì wù yí
進必趨[1]，退必遲[2]；問起對，視勿移。

shì zhū fù rú shì fù shì zhū xiōng rú shì xiōng
事諸父，如事父；事諸兄，如事兄。

注釋

① 趨：快步走，趕快走上前。
② 遲：慢。

語譯

在長輩面前，說話時要輕聲細語，但不能太小聲，小聲得讓人聽不見，就是不合宜了。拜見長輩時，要快步走上前，告辭時，要慢慢地離開。長輩問話時，要站起來回答，眼睛看着長輩，不要東張西望。對待叔叔、伯伯等長輩，要像對待自己父親那樣恭敬；對待堂兄、表兄等兄長，要像對待自己的哥哥那樣尊重和友愛。

人物故事

漢明帝敬師守禮

漢明帝劉莊當太子時，請到儒學大師桓榮當他的老師，兩人情誼深厚。劉莊登上帝位後，仍然很敬重老師，常常到老師家中探望和請教，又堅持以弟子之禮拜見桓榮。桓榮每次生病，漢明帝都派人去問候，又派太醫診症，自己也不時親自探望。雖然他已貴為天子，但去到老師居住的巷子時，就下車步行登門，謹遵晚輩拜訪長輩時的禮儀。到桓榮去世後，漢明帝不單為老師親自挑選墓地，還出席了老師的喪禮。

小腦袋想一想

1. 你家中有多少兄弟姐妹？又有多少個表兄弟姐妹或堂兄弟姐妹？你們能融洽相處，不吵架、不打架嗎？
2. 你能做到「長者先，幼者後」嗎？例如吃飯時，有沒有等長輩先吃，才到自己吃？乘車時，有空位的話，會不會讓長輩先坐？
3. 遇見長輩時，你會有禮貌地上前打招呼嗎？
4. 長輩向你提問的時候，你能有禮地回答嗎？

文化小百科

愛自己的家人，也愛別人的家人

「事諸父，如事父；事諸兄，如事兄。」這也就是孟子說的「老吾老以及人之老，幼吾幼以及人之幼。」尊敬自己家的老人，推廣到尊敬別人家的老人；愛護自己家的孩子，推廣到愛護別人家的孩子。孟子這番話，原本是向梁惠王說的，希望他能明白行仁義、愛民的重要。國君對百姓像對自己家人一樣，人民都會支持他，不需動武，天下自然掌握在他手中。在現今社會裏，每個人都能尊敬長輩、愛護幼小，社會自然更和諧、融洽。

謹

「謹」可解為謹慎、認真。我們做事要謹慎、小心，認真對待，具體是要怎樣做呢？

翻到下一頁，看看古人怎樣說。

13

zhāo qǐ zǎo yè mián chí lǎo yì zhì xī cǐ shí

朝起早，夜眠遲。老易至，惜此時。

chén bì guàn jiān shù kǒu biàn nì huí zhé jìng shǒu

晨必盥①，兼漱②口；便溺回，輒③淨手。

注釋

① 盥：洗手，洗滌。粵音貫。
② 漱：粵音秀。
③ 輒：就，接着。粵音接。

語譯

早上要早些起牀，晚上要遲些睡覺。時間過得很快，我們很容易就變老了，所以要珍惜時間。早上起牀後，要洗手、洗臉，而且要刷牙、漱口。每次上完廁所，接着都要洗乾淨雙手。

人物故事

祖逖劉琨聞雞起舞

東晉時期，祖逖和劉琨這兩個年輕人常常聚在一起研習學問、討論國事。他們都有遠大的理想，希望替國家收復被外族佔領的土地。有一次，祖逖和劉琨談論到深夜，一起睡着了。天快亮的時候，祖逖聽到雞鳴聲而醒了過來。他叫醒了朋友劉琨，問：「我們一起到屋外練劍好嗎？」劉琨欣然同意。兩人還約定，日後每到雞鳴時分，就一同起牀練劍，風雨無阻。後來，兩人分別成為了將軍和官員，為國家効力，實踐自己的抱負。

粵  普 

14

guān bì zhèng niǔ bì jié wà yǔ lǚ jù jǐn qiè
冠①必正，紐必結；襪與履②，俱緊切。

zhì guān fú yǒu dìng wèi wù luàn dùn zhì wū huì
置冠服，有定位；勿亂頓，致污穢。

yī guì jié bú guì huá shàng xún fèn xià chèn jiā
衣貴潔，不貴華；上循分，下稱家。

注釋

① 冠：帽子。粵音官。
② 履：鞋。粵音里。

語譯

帽子要端正地戴好，鈕扣要扣好，襪子和鞋子都要穿穩、繫緊。帽子和衣服要放在固定的位置，不要隨便亂放，使帽子和衣服都弄髒了。衣物最重要的是整齊乾淨，而不是看它有多華麗、好看。穿着打扮要符合自己的身分，也要符合自己的家庭狀況，不要盲目追求華麗的衣服而浪費金錢。

人物故事

子路結纓而死

子路是孔子的學生，也是春秋時期衛國的臣子。有一年，衛國發生政變，子路大罵叛逆的人，卻被對方派人襲擊，雙方打鬥起來。子路以一個人的力量無法抵抗，連帽子的繩子都被割斷了。古時的人很重視「冠」，認為它是身分和尊嚴的象徵，子路身為儒學大師孔子的學生，更加嚴守禮儀。他知道自己逃不過一死，但仍放下武器，要把自己的纓帽重新戴好。可是，攻擊他的人並沒有停下來，趁着子路整理帽子的時候，把他殺死了。

15

duì yǐn shí wù jiǎn zé shí shì kě wù guò zé

對飲食，勿揀擇；食適可，勿過則。

nián fāng shào wù yǐn jiǔ yǐn jiǔ zuì zuì wéi chǒu

年方少，勿飲酒；飲酒醉，最為醜。

語譯 飲食要均衡，不應該挑食，也不要偏食。進食時要適可而止，不要吃得過飽。年紀還小的時候，不應該喝酒。喝醉酒的樣子是最醜、最難看的。

人物故事

晏子勸齊王守禮

春秋時期，齊景公有一次舉辦宴會招待羣臣，他喝了很多酒，興致高漲。齊景公説：「今日各位可以盡情喝酒，不必拘禮。」大夫晏子聽了很不高興。不久，齊景公有事要離座，在他離開和回來時，晏子都沒有依禮送迎。敬酒時，晏子更像是看不到景公那樣，搶先喝酒。景公很生氣，責罵晏子為什麼不守禮。晏子馬上向景公行禮，説：「您剛才不是説不必拘禮嗎？我只是用行動來給您説明不守禮的情況而已。」景公知道自己酒後失言，也明白到在什麼情況之下，都應遵守禮儀。

bù cóng róng　lì duān zhèng　yī shēn yuán　bài gōng jìng
步從容[①]，立端正；揖[②]深圓，拜恭敬。

wù jiàn yù　wù bǒ yǐ　wù jī jù　wù yáo bì
勿踐閾[③]，勿跛倚；勿箕踞[④]，勿搖髀。

注釋

① 從容：不慌不忙，鎮定。從，粵音鬆。
② 揖：拱手行禮。粵音泣。
③ 踐閾：踩踏門檻。閾，粵音域。
④ 箕踞：坐下時兩腿叉開，在古時是不合禮的坐姿。踞，粵音句。

語譯

走路的時候，步伐要從容，不快不慢；站立的時候，姿勢要端正。拱手行禮的時候，身體要深深地彎下去；跪拜的時候，要恭敬真誠。進門的時候，不要踩到門檻；站立的時候，身體要站直，不要歪歪斜斜的。坐下的時候，雙腿不要叉開，也不要搖晃、抖動。

人物故事

張九齡的曲江風度

唐玄宗時候的宰相張九齡是韶州曲江人，人們又叫他「張曲江」。他平日很注重自己的儀容和儀態，總是服飾整潔，言行舉止端正有禮，風度翩翩，而且對國家忠心盡責，又敢於進諫。唐玄宗很欣賞他，稱譽他的言行舉止為「曲江風度」。在挑選人才時，唐玄宗會問：「他的風度及得上張九齡嗎？」可見唐玄宗以張九齡的表現作為衡量他人的標準。唐玄宗在宰相張九齡的輔助下，在政治、經濟、外交等方面都有顯著的功績。

17

huǎn jiē lián　wù yǒu shēng　kuān zhuǎn wān　wù chù léng
緩揭簾，勿有聲；寬轉彎，勿觸棱。

zhí xū qì　rú zhí yíng　rù xū shì　rú yǒu rén
執虛器，如執盈；入虛室，如有人。

語譯　揭起門簾時要輕輕的、慢慢的，盡量不要發出聲音。走路要轉彎時，小心不要碰到事物的棱角，以免受傷。拿着空的容器時，應該像拿着裝滿了東西的容器那樣，小心謹慎；進入沒有人的房間時，應該像進入有人的房間那樣，注意自己的行為舉止。

人物故事

蘇嘉折斷車轅

西漢時期，有一名叫蘇嘉的官員，負責為漢武帝駕車。那時候，雍縣有一座棫（粵音域）陽宮。有一次蘇嘉跟隨皇帝到這裏，他扶着車轅下車時，不小心把車上的轅木折斷了！這是對皇帝大不敬的重罪，蘇嘉隨即受到批評和彈劾，最終還因此丟了性命。由此可見，走路不小心看似是小事，但帶來的後果可不小呢！

shì wù máng, máng duō cuò; wù wèi nán, wù qīng lüè.

事勿忙，忙多錯；勿畏難，勿輕略。

dòu nào chǎng, jué wù jìn; xié pì shì, jué wù wèn.

鬥鬧場，絕勿近；邪僻事，絕勿問。

做事不要忙亂，忙亂就容易出錯；也不要怕困難，不輕視，要認真對待。那些打架鬧事的場合，絕對不要接近；那些不正當、不合正道的事，絕對不要過問。

人物故事

孟母三遷

孟子小時候曾住在墓地旁，玩遊戲時學人辦喪事、祭祀等。孟子母親搖頭說：「這個地方不適合我的孩子居住。」於是帶着孟子搬到集市附近。在這裏，孟子學到做賣買、屠宰牲畜等事，孟子母親又說：「這個地方不適合我的孩子居住。」她帶着孟子又搬走了。這次，他們來到學校旁邊，孟子學習別人擺設祭祀器皿、與人見面時作揖行禮等禮儀，孟子母親說：「這裏真是可以讓我孩子居住的地方。」孟子在母親的教導和環境影響下，成為了注重禮儀、認真學習的著名學者。

19

jiāng rù mén wèn shú cún jiāng shàng táng shēng bì yáng
將入門，問孰[1]存；將上堂，聲必揚。

rén wèn shéi duì yǐ míng wú yǔ wǒ bù fēn míng
人問誰，對以名；吾[2]與我，不分明。

注釋

① 孰：誰。粵音熟。
② 吾：我。粵音吳。

語譯

將要走進房間或屋子裏的時候，先問問屋裏有沒有人；將要走進大廳的時候，要大聲地打招呼，讓別人知道。如果屋裏的人問那是誰，應該講出自己的名字，如果只説「我」，別人分不出那究竟是誰。

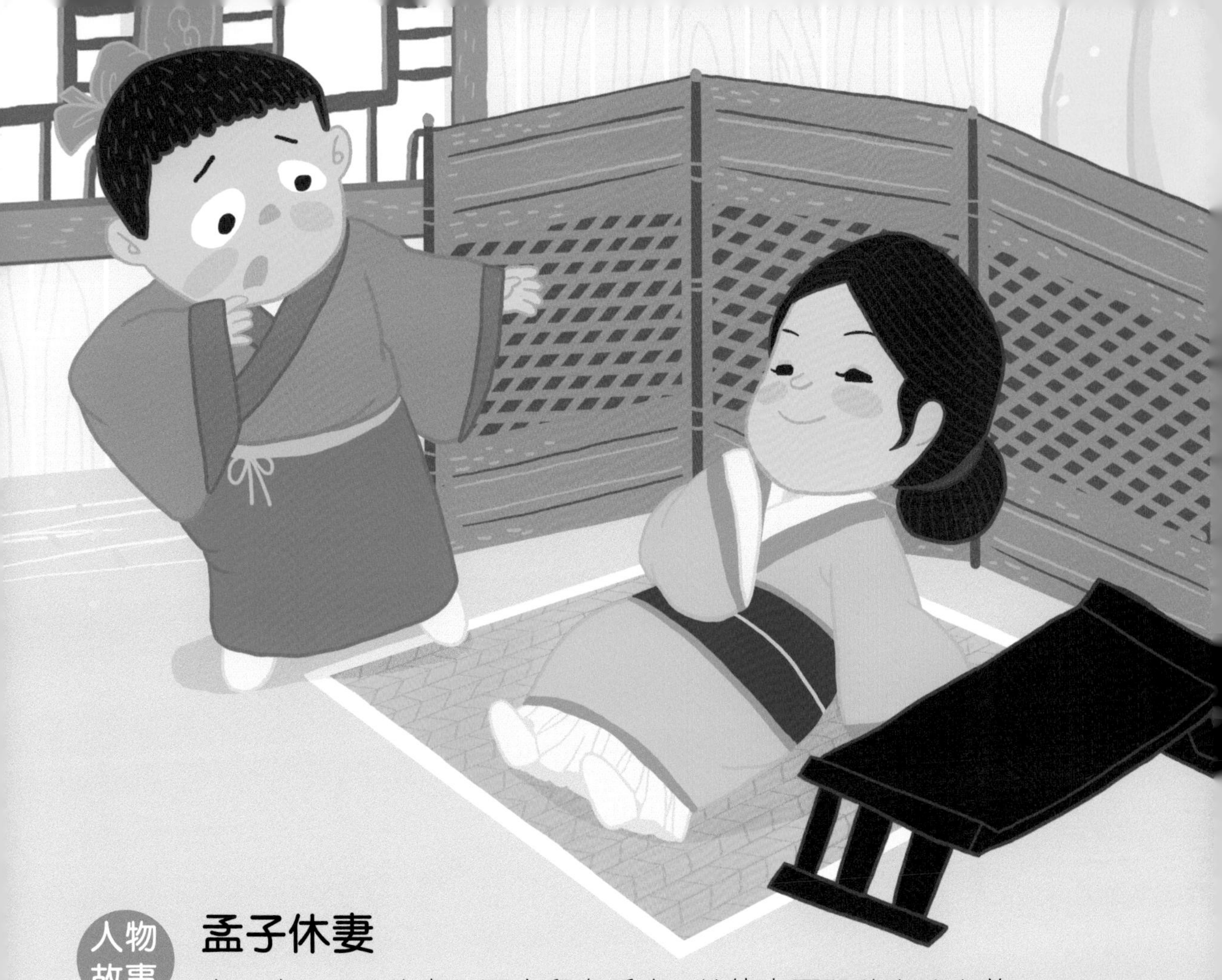

人物故事

孟子休妻

有一次，孟子的妻子獨自留在房裏，她伸出兩腿隨意地坐着。碰巧孟子這時走進房間，看見妻子這樣失禮的坐姿，便生氣地走去對母親説：「我的妻子不守禮，請准許我把她休掉！」孟子母親問清原因，反而責備孟子説：「《禮記》提過，進屋子前、進屋子時都要揚聲，讓屋裏的人知道，有所準備。你一聲不響地去到妻子休息的地方，讓你看到她隨意坐着的樣子，這要怪你沒禮貌才對！」孟子知道自己不對在先，便不再提休妻的事了。

粵 

普 

20

yòng rén wù　xū míng qiú　tǎng bú wèn　jí wéi tōu

用人物，須明求；倘不問，即為偷。

jiè rén wù　jí shí huán　hòu yǒu jí　jiè bù nán

借人物，及時還；後有急，借不難。

用別人的物品之前，必須問清楚物品的主人，取得他的同意；如果沒有問過別人就拿來用，就是偷竊。借用別人的物品，用完了就要馬上歸還；日後有急用的話，再向人借就不難了。

人物故事

宋濂借書

宋濂是明朝初期的文學家、政治家，他自小就很喜歡看書，但因家裏貧窮，沒辦法買很多書，只能常常向人借，然後自己抄寫下來。有一次，宋濂向一戶富有人家借書。那家主人看不起宋濂，不太想借書給他，故意跟他約定十天後要還書，宋濂答應了。十天後，正好下起大雪。那家主人以為宋濂不會來還書的了，可是，宋濂竟冒着大風雪，如期前來還書。那家主人很感動，覺得宋濂很守信用，於是答應以後都借書給他，而且沒有借書期限。

小腦袋想一想

1. 你能做到早晚刷牙、上完廁所記得洗手嗎？
2. 你能自己整齊地穿好衣服嗎？你的衣服、玩具、圖書等有沒有整齊放好？
3. 你站立或坐下時的姿勢正確嗎？正確姿勢是怎樣的？
4. 你走路時會不會常常碰跌東西，或者撞到人？
5. 拿取不是自己的東西來用之前，你有沒有取得物品主人的同意？用完之後，有沒有及時歸還？

文化小百科

古時男子的成年禮——冠禮

在秦朝以前，以及秦漢期間，古人都很重視「冠（粵音官）禮」，《禮記》提到「禮始於冠」，認為冠禮是一切禮儀的開始。古時男子去到二十歲就會舉行「冠禮」，即是把頭髮束成髻，再戴上冠帽，表示他已經成年，要肩負成人的責任，也表示他可以結婚了。二十歲的男子又叫「弱冠」，因為古人認為二十歲的男子體格仍然「弱」，還未夠強壯。不過，歷史中有不少男子還未夠二十歲就加冠，所以有些人十多歲就結婚了呢！

信

「信」指誠信，也就是誠實、講信用。我們待人要真誠，注意自己的言行。與人相處時，在言語和行為上，我們有什麼要注意的呢？

翻到下一頁，看看古人怎樣說。

21

fán chū yán　xìn wéi xiān　zhà yǔ wàng　xī kě yān

凡出言，信為先；詐與妄①，奚②可焉？

huà shuō duō　bù rú shǎo　wéi qí shì　wù nìng qiǎo

話說多，不如少；惟其是，勿佞巧③。

jiān qiǎo yǔ　huì wū cí　shì jǐng qì　qiè jiè zhī

奸巧語，穢污詞，市井氣，切戒之。

注釋

① 妄：不合事實。粵音網。

② 奚：為什麼，表示疑問的語氣。粵音兮。

③ 佞巧：花言巧語。佞，粵音令。

語譯

凡是開口說話，首要是誠實、講信用。說謊、胡言亂語，為什麼可以這樣做呢？多說話，不如少說話。說出來的話，要實實在在、真有其事，不要花言巧語。奸邪巧辯的話，骯髒污穢的話，粗俗無賴的話，一定要戒掉，不能說。

人物故事

周幽王烽火戲諸侯

西周有個昏庸無能的周幽王，他很喜歡妃子褒姒（粵音似），但褒姒常常黑着臉，笑也不笑。有大臣獻計，請周幽王在烽火台上點燃在緊急情況下才使用的烽火。附近的諸侯看見烽火，以為京城出了事，馬上帶兵進京，卻發現京城一點事也沒有，只好撤兵。幾次之後，褒姒看見眾人慌亂的樣子，終於笑出來了。可是，諸侯生氣極了，周幽王在戲弄他們、欺騙他們啊！後來，真的有敵人進攻京城，烽火又點起來了，諸侯以為周幽王在戲弄他們，誰也沒去救援。結果，周幽王被人殺死了。

jiàn wèi zhēn wù qīng yán zhī wèi dí wù qīng chuán

見未真，勿輕言；知未的①，勿輕傳。

shì fēi yí wù qīng nuò gǒu qīng nuò jìn tuì cuò

事非宜②，勿輕諾；苟輕諾，進退錯。

注釋

① 的：確實的、可靠的。

② 宜：合適、適宜。

語譯

未有真正看到那樣事物或事情的真相，不應該隨便説；對事情沒有確實了解，不應該隨意亂説，散播不實的言論。不恰當的事情，不要輕易就答應；如果輕易答應了，會使自己進退兩難，做也不是，不做也不是。

人物故事

龐葱與三人成虎

戰國時期，魏國大臣龐葱要陪太子去趙國。龐葱擔心自己離開後，有人會趁機說他的壞話，使魏王不再信他。臨行前，龐葱問魏王：「有人說集市裏有一隻老虎，您相信嗎？」魏王說只是一個人說，他不信。如果兩個人都這樣說，魏王有點半信半疑。到第三個人都這樣說，魏王就相信了。龐葱請求魏王不要輕信謠言，正如他離開魏國後，請魏王不要輕信那些無中生有、中傷他的話。可是，龐葱離開後，魏王經常聽到別人批評龐葱，漸漸不喜歡龐葱了。

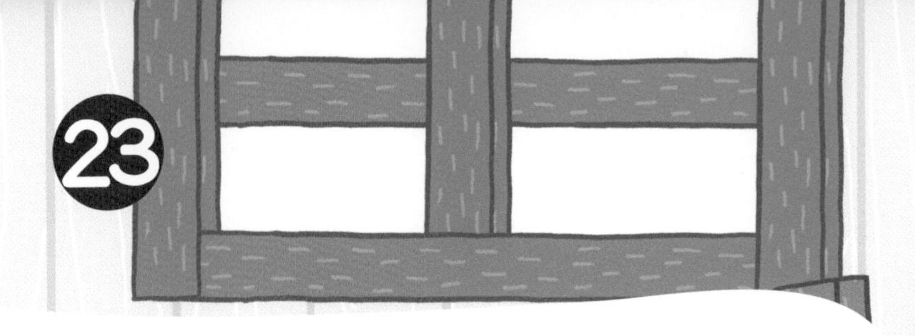

fán dào zì, zhòng qiě shū, wù jí jí, wù mó hu

凡道字，重且舒，勿急疾，勿模糊。

bǐ shuō cháng, cǐ shuō duǎn, bù guān jǐ, mò xián guǎn

彼説長，此説短，不關己，莫閒管。

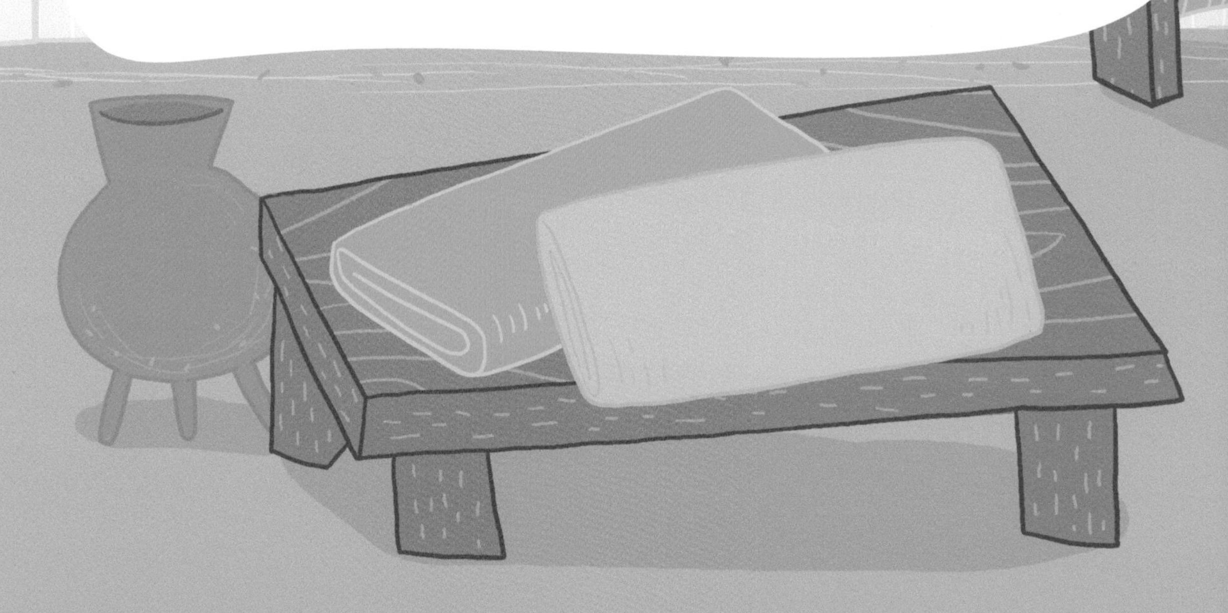

語譯 凡是説話吐字，發音要清楚，速度要舒緩，不能説得太快，也不要含糊不清。聽到別人説是説非，聽聽就算了。跟自己沒關的事，不要多管。

人物故事

曾參殺人

春秋時期，孔子的學生曾參（粵音心）曾住在費（粵音秘）國。這裏有一個同樣叫曾參的人殺了人，卻有人含糊地告訴孔子學生曾參的母親：「曾參殺人。」起初曾參母親不相信自己的兒子會殺人，照樣在那裏織布。不久，又有個人跟曾參母親說：「曾參殺人。」曾參母親仍然不信，如常地織布。到第三個人來跟曾參母親說：「曾參殺人。」曾參母親害怕了，她以為那是真的，丟下正在織的布就逃跑了。我們說話時要說清楚，不要令人誤會。

粵 普

24

jiàn rén shàn　jí sī qí　zòng qù yuǎn　yǐ jiàn jī

見人善，即思齊，縱去遠，以漸躋[①]。

jiàn rén è　jí nèi xǐng　yǒu zé gǎi　wú jiā jǐng

見人惡，即內省[②]，有則改，無加警。

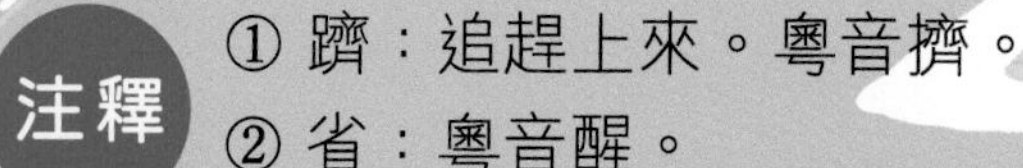

注釋

① 躋：追趕上來。粵音擠。

② 省：粵音醒。

語譯

看到別人的優點、做得好的地方，就要向他學習。即使與那個人相差很遠，也要努力，慢慢趕上去。見到別人的缺點、做得不好的地方，就要自我反省。如果自己也有同樣的問題，就要改正，沒有的話就警惕、提醒自己，不要犯同樣的錯。

人物故事

管寧割蓆

三國時期，管寧和華歆兩人是好朋友。有一次，他們一起坐在蓆子上讀書。這時，有一位官員乘車從門外經過，吸引了很多人圍觀。管寧照樣專心讀書，華歆就被外面的聲音吸引了，他放下書本，跑出去看熱鬧。管寧很不認同華歆的做法，生氣地割斷了坐着的蓆子，還說：「你不再是我的朋友了。」管寧認為讀書要專心，而且朋友有做得不好的地方，自己也不應該跟着做。

粵  普 

25

wéi dé xué　wéi cái yì　bù rú rén　dāng zì lì

惟德學，惟才藝，不如人，當自礪①。

ruò yī fu　ruò yǐn shí　bù rú rén　wù shēng qī

若衣服，若飲食，不如人，勿生戚②。

注釋

① 礪：磨礪，磨煉。粵音例。

② 戚：傷心，難過。

語譯

如果自己的品德學問、才能技藝及不上別人，應當磨煉自己，努力趕上。要是衣服、飲食比不上別人，則不用傷心難過。

人物故事

原憲安於貧窮

春秋時期，孔子的學生原憲曾在魯國一條巷子裏居住。他的房子很殘破，下雨時還會漏水呢！不過原憲在這裏住得很舒適，有時還會一邊彈琴一邊唱歌。有一天，孔子的另一個學生子貢坐着馬車、穿着好看的衣服去探望他。原憲穿着舊衣破鞋、撐着拐杖來開門。子貢見了，驚訝地說：「哎呀，你生病了嗎？」原憲說：「我聽說，沒有錢叫做『貧窮』，學會了知識但不能實踐就叫做『病』。如今我是貧窮而已，沒有病。」子貢聽了很慚愧。

粵 

普 

26

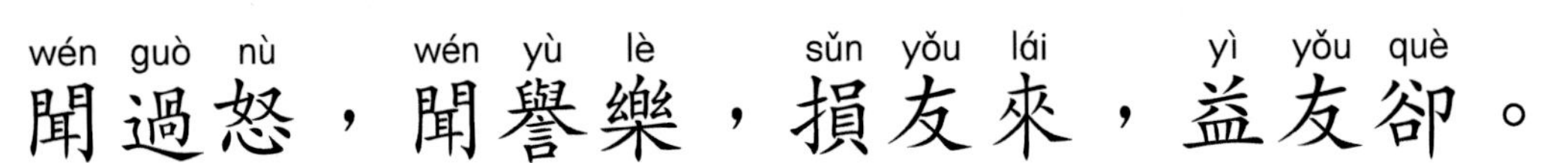

wén guò nù　wén yù lè　sǔn yǒu lái　yì yǒu què

聞過怒，聞譽樂，損友來，益友卻。

wén yù kǒng　wén guò xīn　zhí liàng shì　jiàn xiāng qīn

聞譽恐，聞過欣，直諒士，漸相親。

語譯

聽到別人説自己的過錯而生氣，聽到別人稱讚自己而快樂，這樣會招來壞的朋友，好的朋友就會疏遠你。聽到別人稱讚自己而不安、恐懼，聽到別人説自己的過錯而高興、欣然接受，這樣，漸漸會有正直、誠實的人來親近你。

人物故事

狄仁傑聞過遷善

狄仁傑是唐代著名政治家，他有才幹和學識，又敢於進諫，因而得到皇帝賞識。有一次，武則天對宰相狄仁傑說：「你在汝南這個地方任職時，政績不錯，但仍有人在背後說你壞話。你知道是誰嗎？」狄仁傑回答：「如果您認為我做錯了，我願意改過；如果您認為我沒有做錯，那是我的幸運。我不知道是誰說我壞話，但我也不想知道。」武則天看他心胸廣闊、待人仁厚，更加欣賞他了。

wú xīn fēi　míng wéi cuò　yǒu xīn fēi　míng wéi è

無心非[1]，名為錯；有心非，名為惡。

guò néng gǎi　guī yú wú　tǎng yǎn shì　zēng yì gū

過能改，歸於無；倘掩飾，增一辜[2]。

注釋

① 非：錯誤，做錯事。

② 辜：罪、過錯。

語譯

無意中做了錯事，叫做「過錯」；有意地去做錯事，叫做「罪惡」。如果做了錯事，能夠改正過來，就會越來越少錯，漸漸變成沒有錯；要是做錯了卻加以掩飾，那就是錯上加錯。

人物故事

周處除三害

古時有一個叫周處的年輕人，他蠻不講理，到處生事，鄉民都很討厭他。那時，河裏的蛟龍和山上的白額虎常常滋擾鄉民，使大家生活得很苦。有人建議周處去殺掉蛟龍和白額虎，為民除害。周處一出馬就殺了白額虎，又與蛟龍搏鬥了好幾天。鄉民以為周處在搏鬥時死了，高興得互相道賀，慶祝「三害」都消失了。周處看到這樣的熱鬧場面，才知道原來自己對鄉民來説是很大的禍害，決定改過自新。於是，「三害」都真正地消除了。

小腦袋想一想

1. 聽到一些不知真假的事情，你會跟其他人說嗎？
2. 你說話時能咬字清晰、充滿自信，讓人清楚聽到和明白你在說什麼嗎？
3. 別人做得好的地方，你能學起來嗎？別人做得不好的地方，有沒有反省自己是否也做得不好？
4. 你常常跟人比較衣服、用品、食物等東西嗎？你會在意自己擁有的東西及不上別人嗎？
5. 如果做錯了事，你能不能勇敢地認錯，並且改過？

文化小百科

言而有信——做個有信用的人

《論語》中記錄子夏（孔子弟子）的話：「與朋友交，言而有信。」與朋友交往，說出來的話一定要守信用。孔子更說：「人而無信，不知其可也。」人如果沒有誠信、信譽不好，就不知道他可以做什麼了。可見古人重視誠信、信用，並把「信」與「言」合在一起說。《弟子規》在「信」這部分也提及了不少說話時要注意的事。想做一個有信用的人，先從言語上做起吧！

泛愛眾

「泛愛眾」就是廣施愛心，愛眾人和萬物，大家平等相處。與人相處，怎樣做到互相尊重、關愛他人呢？

翻到下一頁，看看古人怎樣說。

fán shì rén jiē xū ài tiān tóng fù dì tóng zài

凡是人，皆須愛；天同覆，地同載。

語譯 凡是人，都應該有關懷、愛護的心，人與人之間相親相愛，因為大家都生活在同一片天空下、同一塊土地上。

人物故事

孫叔敖埋兩頭蛇

孫叔敖（粵音熬）是春秋時期楚國人，小時候曾遇見一條兩頭蛇，他馬上把蛇殺掉並埋起來。回到家裏，他一見到母親就大哭。母親問他為什麼哭，孫叔敖說：「我聽說看見兩頭蛇的人會死去，剛才我在外面就見到了兩頭蛇。我擔心其他人也會看見，就把牠殺掉並埋起來了。我怕我快要死了，再也見不到母親了。」母親安慰他說：「上天必定報答做好事的人，你不會就這樣死去的。」後來孫叔敖沒有因為看見兩頭蛇而死去，長大後還當上了楚國宰相。

粵  普

29

xíng gāo zhě, míng zì gāo; rén suǒ zhòng, fēi mào gāo.

行①高者，名自高；人所重②，非貌高。

cái dà zhě, wàng zì dà; rén suǒ fú, fēi yán dà.

才大者，望自大；人所服，非言大。

注釋

① 行：品行。粵音幸。

② 重：敬重。粵音仲。

語譯

品行高尚的人，名聲自然高。人們敬重一個人，不是因為他的外表有多好看。一個才幹出眾、學識豐富的人，名望自然大。人們佩服一個人，不是因為他有多會説話、説得有多動聽。

人物故事

晏子出使楚國

晏子是春秋時期齊國的宰相，雖然個子矮小，外貌不好看，但是為人機智，能言善辯，深得齊王信任。有一次，晏子奉命出使楚國，楚國人見他這麼矮，只給他打開城門旁邊讓狗出入的小門。晏子拒絕進城，說：「出使狗國的人才從狗門進城。」楚國人只好打開城門請他進去。晏子見到楚王，楚王問為什麼是他出使楚國，晏子說：「賢明的人會去賢明的國家，我是齊國最無能的人，就被安排到楚國來了。」晏子維護了齊國和自己的尊嚴，也突顯出楚王的無禮。

jǐ yǒu néng wù zì sī rén suǒ néng wù qīng zǐ

己有能，勿自私；人所能，勿輕訾①。

wù chǎn fù wù jiāo pín wù yàn gù wù xǐ xīn

勿諂②富，勿驕貧；勿厭故，勿喜新。

rén bù xián wù shì jiǎo rén bù ān wù huà rǎo

人不閒，勿事攪；人不安，勿話擾。

注釋

① 訾：詆毀，中傷。粵音止。

② 諂：奉承、巴結。

語譯

自己有才能，不能只用在有益自己的地方，自私自利；別人有才能，不能隨意詆毀、中傷別人。不要奉承、巴結富有的人，也不要在貧窮的人面前驕橫無禮；不要嫌棄認識已久的老朋友，也不要只喜歡剛結識的新朋友。別人在忙的時候，不要去打攪他；別人心情不好、身體不適的時候，不要説些無關緊要的話去騷擾他。

人物故事

阮咸曬衣

阮咸是晉朝時期的文學家，生活貧窮。當時有一個習俗，每到七月七日，家家戶戶都會把衣箱裏的衣服拿出來曬太陽，以防蟲蛀。特別是住在城裏北面的富有人家，紛紛拿華麗貴重的衣物出來曬太陽，順道炫耀一番。阮咸也跟隨風俗，把家中的舊衣服拿出來曬。有人問他：「人家曬的是華衣美服，你的都是舊衣服，不是很奇怪嗎？」阮咸笑說：「曬衣是一項風俗習慣，沒有貧富的分別。我跟從風俗，曬我的衣服，有什麼問題呢？」

普

31

rén yǒu duǎn　qiè mò jiē　rén yǒu sī　qiè mò shuō
人有短，切莫揭；人有私，切莫說。

dào rén shàn　jí shì shàn　rén zhī zhī　yù sī miǎn
道人善，即是善；人知之，愈思勉。

yáng rén è　jí shì è　jí zhī shèn　huò qiě zuò
揚人惡，即是惡；疾之甚，禍且作。

shàn xiāng quàn　dé jiē jiàn　guò bù guī　dào liǎng kuī
善相勸，德皆建；過不規，道兩虧。

語譯

別人有短處、有缺點，千萬不要揭穿；別人有隱私、有秘密，千萬不要說出去。讚美別人的美德、做得好的地方，這已是一種美德。如果別人知道了有人稱讚他，會更加勉勵自己行善。宣揚別人的缺點，就是在做壞事。如果指責、批評得太過分，就會招來災禍。與人相處時，大家都規勸對方行善，雙方都能建立良好的品德，知道對方做錯了但沒有規勸他改過，雙方的德行都有虧損。

人物故事

唐太宗善納諫言

唐太宗掌政時，政治清明，經濟蓬勃，百姓安居樂業，人們都稱讚唐太宗是賢明、有能力的君主。他還樂於接納諫言，聽取別人的意見。當時有一位著名的諫官魏徵，時常直言進諫，有時會使太宗大怒，但魏徵為國為民的心，使太宗很尊敬，也很信任魏徵。魏徵去世後，太宗感歎說：「用銅來做鏡子，可以整理自己的衣服；用歷史來做鏡子，可以知道國家興亡的原因；用人來做鏡子，可以知道自己哪裏做得好、哪裏做得不好。」

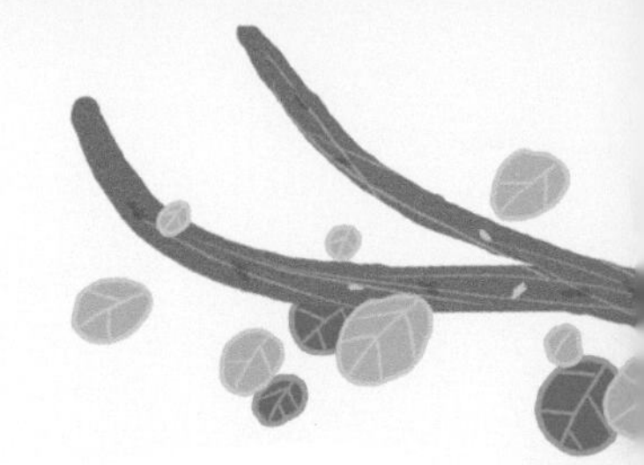

fán qǔ yǔ guì fēn xiǎo yǔ yí duō qǔ yí shǎo
凡取與[1]，貴分曉；與宜多，取宜少。

jiāng jiā rén xiān wèn jǐ jǐ bú yù jí sù yǐ
將加人，先問己；己不欲，即速已[2]。

ēn yù bào yuàn yù wàng bào yuàn duǎn bào ēn cháng
恩欲報，怨欲忘；報怨短，報恩長。

注釋

① 取與：取得和給予。
② 已：停止。

語譯

拿取別人的東西，或者把東西給別人，一定要清楚、分明。把東西給別人時，宜多給一點；拿取別人的東西時，宜少拿一點。要求別人做事前，先問問自己願不願意做。自己也不願意做的話，應該馬上停止，不要叫人做。得到別人的恩惠，應設法去報答；與別人結了怨，應設法忘掉它。怨恨別人的心不可留存太久，報答別人恩惠的心就要長存。

人物故事

孫元覺勸父

據說古時有個叫孫元覺的孩子，為人孝順，可是他的父親一點也不孝順。有一天，孫父想把自己的父親遺棄在山上，用竹籮背起老人就出了門。孫元覺哭着跟在後面，懇求父親住手，放下祖父，但孫父毫不理會。孫父來到山上，放下老人便走，連竹籮都不要了。這時，孫元覺拾起竹籮想帶回家，孫父感到奇怪，孫元覺解釋說：「等父親您老了的時候，我也用這個竹籮來背您上山！」孫父聽了大吃一驚，意識到自己做得不對，最終把祖父接回家了。

dài bì pú　shēn guì duān　suī guì duān　cí ér kuān

待婢僕，身貴端；雖貴端，慈而寬。

shì fú rén　xīn bù rán　lǐ fú rén　fāng wú yán

勢服人，心不然；理服人，方無言。

語譯

對待家中的僕人，要注意自己品行是否端正，以身作則。雖然品行端正很重要，但更重要的是待人仁慈和寬厚。用權勢來逼使別人服從，別人表面上服從你，但是內心並不服。用道理來説服別人，別人才不會有怨言，口服心服。

人物故事

諸葛亮七擒孟獲

三國時期，南方有少數民族發動騷亂，蜀漢的丞相諸葛亮親自帶兵出戰，活捉了一個南方部落首領孟獲。諸葛亮聽聞孟獲在南方頗有名望，於是想辦法要他誠心投降，藉以平定南方。他邀請孟獲參觀軍營，孟獲看了很不服氣，認為自己有能力打敗諸葛亮，諸葛亮聽了便放他走。就這樣又捉又放，到諸葛亮第七次捉到孟獲時，孟獲認為諸葛亮雖然是軍師、丞相，但並沒有用權勢或武力逼他投降，反而多次放他走，足見他寬宏大量，於是心服口服地投降了。

小腦袋想一想

1. 你認為對人應有愛心嗎？為什麼？
2. 你能夠為別人保守秘密，不隨便說出去嗎？
3. 你有能力幫助別人的話，可以做到樂於助人嗎？
4. 你能欣賞別人的優點，真誠地讚賞別人嗎？
5. 有些你不想發生在自己身上的情況，你會施加到別人身上嗎？例如你不想自己的東西被人搶走，那你會搶別人的東西嗎？

文化小百科

己所不欲，勿施於人

子貢向老師孔子請教，有沒有一個字，可以作為終身奉行的準則。孔子說：「其恕乎！己所不欲，勿施於人。」那一個字就是「恕」，也就是說，自己不喜歡的事，就不要強加到別人身上。用現今的話來說，「同理心」和「換位思考」都有相近的意思。我不喜歡的事情，不希望別人強加到我身上，同樣地，站在別人的角度來看，別人也不會喜歡我強加到他身上。

與人交往時，能夠用寬容、寬恕的心待人，大家互相體諒、互相尊重，自然減少紛爭，能長久地融洽相處下去。

親仁

「親仁」即是親近有仁德、品行高尚的人。為什麼要親仁？不親仁有什麼後果？

翻到下一頁，看看古人怎樣說。

tóng shì rén lèi bù qí liú sú zhòng rén zhě xī
同是人，類不齊；流俗眾，仁者稀。

guǒ rén zhě rén duō wèi yán bú huì sè bú mèi
果仁者，人多畏；言不諱，色不媚。

néng qīn rén wú xiàn hǎo dé rì jìn guò rì shǎo
能親仁，無限好；德日進，過日少。

bù qīn rén wú xiàn hài xiǎo rén jìn bǎi shì huài
不親仁，無限害；小人進，百事壞。

語譯

雖然大家同樣是人，但可分為不同的類型，大家的品德修養有高有低。普普通通的世俗凡人有很多，有仁德、品德高尚的人卻很少。如果真的是品德高尚的人，人們大多會敬畏他，因為他說話時不會刻意隱瞞、避忌，臉上也不會有巴結、討好別人的神色。能親近品德高尚的人，有無限的好處，因為我們的品德可以日漸進步，過錯可以日漸減少。不親近品德高尚的人，有無限的壞處，因為品德不好的小人會來接近你，使很多事情都向壞的方向發展。

人物故事

劉禪親小人亡蜀漢

三國時期，蜀國的劉備去世後，由他年幼的兒子劉禪繼位，並由丞相諸葛亮輔助劉禪執政。初時劉禪很聽從諸葛亮的話，讓諸葛亮掌握大權。諸葛亮任用賢人，在政治、經濟等方面都有不錯的成績，還多次在戰爭中取勝。後來劉禪寵信宦官黃皓，讓黃皓掌權。劉禪更聽信小人之言，趕走了忠心、有能力的人。有一次，劉禪收到報告，說魏國將要進攻蜀國，但黃皓卻說沒有這樣的事，劉禪相信了黃皓的話。結果敵人真的來了，劉禪無力反抗，只好投降，蜀國就滅亡了。

小腦袋想一想

1. 哪些是好的品德呢？你能舉例嗎？
2. 在這些好品德當中，你能做到多少呢？還有哪些需要繼續努力的？
3. 留意身邊的人，他們有哪些地方值得你學習呢？

文化小百科

有多種意思的「小人」

在古書裏面，「小人」可解作一些品行不好、不守禮、沒有規矩、只顧自己利益、沒有道義等等的人，與品行高尚的「君子」相對。現今社會也有「小人」一詞，就像香港在驚蟄這天有「打小人」的習俗，這裏的「小人」可指一些經常說是非、中傷他人的人，帶有貶義。

原來，「小人」除了有上面這些帶貶義的解釋，還可解作兒童、僕人、年齡或輩分較小的人，甚至是長得矮小的人。

另外，「小人」也是平民百姓或臣子用來謙虛地稱呼自己的用語。有時在古裝電視劇裏，可以看到一些百姓對朝廷官員說話時，叫自己是「小人」。這時候，可別誤會他們是品行不好的人啊！

餘力學文

「餘力學文」是指在修養品德、學習與人相處以外，有剩餘的時間和精力，就要學習。學習有什麼方法？古人是怎樣讀書的呢？

翻到下一頁，看看古人怎樣說。

bú lì xíng dàn xué wén zhǎng fú huá chéng hé rén

不力行，但學文，長①浮華，成何人？

dàn lì xíng bù xué wén rèn jǐ jiàn mèi lǐ zhēn

但力行，不學文，任己見，昧②理真。

注釋

① 長：滋長、增長。粵音掌。

② 昧：隱藏，違背。粵音妹。

語譯

沒有親自實踐、試驗過，只是知道讀書，學習書中知識，這樣會使自己養成不切實際、追求奢華虛浮的壞習慣，怎能成為真正有用的人呢？只是懂得賣力地做事，但不讀書，就會任由自己淺薄的見識，蒙蔽了真理。這樣是不能明白真正的道理的。

人物故事

趙括紙上談兵

戰國時期，趙國有名的將領趙奢有一個兒子，名叫趙括，他也是趙國的將領。趙括自小跟從父親讀了很多兵書，熟悉兵法，一說起打仗的事便滔滔不絕，但他卻從沒上過戰場。有一次，趙國和秦國打仗，趙國本來由擅長打仗的將軍廉頗領軍，秦國使計游說趙王換走廉頗，改用沒有實戰經驗的趙括為將軍。趙括上到戰場後，多次使用從書本上學到的戰術，可是接連失敗，趙國軍隊幾十萬人被迫投降，丟了性命，而趙括也在戰場上中箭身亡。

36

dú shū fǎ　yǒu sān dào　xīn yǎn kǒu　xìn jiē yào
讀書法，有三到，心眼口，信①皆要。

fāng dú cǐ　wù mù bǐ　cǐ wèi zhōng　bǐ wù qǐ
方②讀此，勿慕彼；此未終，彼勿起。

注釋

① 信：確實、的確。
② 方：正在。

語譯

讀書的方法有「三到」：心到、眼到、口到，也就是用心想、專心讀，用眼睛仔細看，用口朗讀出來，這「三到」確實都很重要。正在讀這本書，不要又想去翻另一本書來看；這本書沒有看完，不要開始讀另一本書。

人物故事

二子學弈

很久以前，有一個叫弈秋的人，他棋藝高超，全國有名。他同一時間教兩個學生下棋，其中一人很專心地聽弈秋講解，另一個人表面上像在聽講，其實心裏正在想，外面將會有天鵝飛過，等牠來到的時候應該怎樣拉弓射牠下來。結果，那個不專心聽講的學生，棋藝自然不夠專心聽講的學生好。有人認為這並不是因為棋藝較差的那個學生資質不好，而是因為他沒有專心聽書。

kuān wéi xiàn jǐn yòng gōng gōng fu dào zhì sāi tōng

寬為限①，緊用功。工夫到，滯塞②通。

xīn yǒu yí suí zhá jì jiù rén wèn qiú què yì

心有疑，隨札記③；就人問，求確義。

注釋

① 限：期限。
② 滯塞：有疑問、不懂的地方。
③ 札記：筆記。

語譯

制定讀書或學習計劃時，期限可寬鬆一點，落實執行時就要抓緊時間，用功讀書。肯花時間和精神讀書，工夫到了一定的程度，有疑問、不明白的地方自然就會得到解答。心裏有疑問，可以隨時記在筆記上，有機會就向人請教，尋求準確的理解。

人物故事

董遇好學勤讀

董遇是三國時期有名的學者，曾有人想跟從董遇學習，但董遇不肯教他。董遇説：「在這之前，你讀書必須先讀一百遍。讀了一百遍，它的道理自然會顯現出來。」那人説：「我就是苦於沒有時間讀書。」董遇説：「你應該善用『三餘』來讀書。冬天是一年裏農務不太忙的空餘時間，夜晚是白天忙完農務之後的空餘時間，下雨天是晴天做完農務之後的空餘時間。」善用空餘時間來讀書，定會有所得益。

fáng shì qīng qiáng bì jìng jī àn jié bǐ yàn zhèng

房室清，牆壁淨；几案[1]潔，筆硯[2]正。

mò mó piān xīn bù duān zì bú jìng xīn xiān bìng

墨磨偏，心不端；字不敬，心先病。

① 几案：桌子。几，粵音基。

② 硯：磨墨用的石製用具。粵音現。

書房要保持清潔，牆壁要乾淨，書桌要整潔，文具要擺放的整齊端正。磨墨寫字時，如果把墨條磨偏了，反映出磨墨的人態度不端正、精神不集中。如果寫出來的字歪歪斜斜的，表示寫字的人心神不定，浮躁不安。

人物故事

劉蓉的讀書習慣

清朝文學家劉蓉小時候常到書房讀書，遇到想不通的問題，就在屋子裏來回踱步。書房的地上原本有個小坑洞，漸漸地越來越大。劉蓉在書房裏踱步時，不時被它絆住，起初他很不習慣，日子久了，他走過這個坑洞時就像走在平地上一樣自然。後來劉蓉的父親看見這個坑洞，便叫人把它填平了。不久，劉蓉又在屋裏踱步，走到原來的坑洞上時，竟以為地面突起來了，他又花了一段時間才能習慣。可見做事要從細節做起，不要養成壞習慣。

粵  普 

39

liè diǎn jí，yǒu dìng chù；dú kàn bì，huán yuán chù。

列典籍，有定處；讀看畢，還原處。

suī yǒu jí，juàn shù qí；yǒu quē huài，jiù bǔ zhī。

雖有急，卷束齊；有缺壞，就補之。

語譯 各種書本要放在指定用來放書的地方，整齊排好；看完了圖書，要放回原來的地方，不要到處放。有時遇上急事，不能繼續看書，也要把書本收拾好、放好。如果發現書本有損壞的地方，就要修補。

人物故事

孔子韋編三絕

孔子是春秋時期有名的學者、教育家，他很喜歡讀書，年老時還經常翻閱《易經》。那時還沒發明紙張，人們要在竹片上寫字，再用繩子把竹片順序穿起來，成為「竹簡」。竹簡用久了，或者經常被打開又捲起來，繩子就容易斷裂。孔子的書是用牛皮繩子穿起來的，叫做「韋編」，比較耐用。不過，孔子勤奮讀書，經常翻閱，以致牛皮繩子都斷了三次。每次斷了，孔子都會換上新的牛皮繩子。可見孔子不但愛看書，而且愛護書籍。

粵

普

40

fēi shèng shū　bǐng wù shì　bì cōng míng　huài xīn zhì

非聖書，屏[1]勿視，蔽聰明，壞心志。

wù zì bào　wù zì qì　shèng yǔ xián　kě xùn zhì

勿自暴，勿自棄，聖與賢，可馴[2]致。

注釋

① 屏：摒棄、捨棄。粵音丙。

② 馴：逐漸。粵音純。

語譯

不是講述聖賢言行的書，應該捨棄，不要看，以免智慧受到蒙蔽，敗壞心志。遇到困難、挫折時，不要自暴自棄，看不起自己，不求上進。我們循序漸進，持之以恒，也可以做到品行高尚，達到聖人和賢人的境界。

人物故事

蘇秦發奮讀書

戰國時期，蘇秦游説秦惠王採用他的外交策略，但多次被拒，只好收拾行李回家去。回到家時，蘇秦的家人見他又失敗了，都看不起他，對他很冷淡。蘇秦決定發奮讀書，不要再被人看不起。有時他讀書讀到昏昏欲睡，就拿起鐵錐刺自己的大腿，使自己清醒過來，繼續讀書。一年後，他認為自己有充足的把握，便出門去不同國家游説。他這次得到趙、魏、韓、齊、楚、燕這六個國家的信任，同時請他當宰相。蘇秦終於吐氣揚眉了！

小腦袋想一想

1. 你有不明白的事情，有沒有從書本中尋找答案，或者向人請教？
2. 你有良好的讀書習慣嗎？你的讀書方法是怎樣的？
3. 你的字寫得端正、清楚嗎？你能自己收拾書桌、文具、圖書等，並整理得乾淨、整齊嗎？
4. 你能愛護圖書，避免破壞或弄髒它嗎？

文化小百科

學思並重的學習方法

孔子認為學習與思考同樣重要，所謂「學而不思則罔（粵音網），思而不學則殆（粵音怠）」。意思是說，學習各種知識，但不加思考，就會越學越迷惘，越學越糊塗；經常思考各種問題，但不去學習、確認自己的想法，只會是空想，而且越想越疲累。可見學習和思考相輔相成，缺一不可。

就像書裏經常提到的孔子，他是什麼人？做了些什麼？為什麼大家都尊崇孔子呢？孩子在學習過程中多動腦筋，可以發現很多值得研究和追尋下去的問題，然後帶着這些問題再去尋找答案、學習更多的知識，得益自然更大、更多。

附錄《弟子規》全文誦讀

粵

普

總敍

dì zǐ guī shèng rén xùn shǒu xiào tì cì jǐn xìn
弟子規，聖人訓。首孝悌，次謹信。

fàn ài zhòng ér qīn rén yǒu yú lì zé xué wén
泛愛眾，而親仁。有餘力，則學文。

入則孝

fù mǔ hū yìng wù huǎn fù mǔ mìng xíng wù lǎn
父母呼，應勿緩；父母命，行勿懶。

fù mǔ jiào xū jìng tīng fù mǔ zé xū shùn chéng
父母教，須敬聽；父母責，須順承。

dōng zé wēn xià zé qìng chén zé xǐng hūn zé dìng
冬則溫，夏則凊。晨則省，昏則定。

chū bì gào fǎn bì miàn jū yǒu cháng yè wú biàn
出必告，反必面。居有常，業無變。

shì suī xiǎo wù shàn wéi gǒu shàn wéi zǐ dào kuī
事雖小，勿擅為；苟擅為，子道虧。

wù suī xiǎo wù sī cáng gǒu sī cáng qīn xīn shāng
物雖小，勿私藏；苟私藏，親心傷。

qīn suǒ hào lì wèi jù qīn suǒ wù jǐn wèi qù
親所好，力為具；親所惡，謹為去。

shēn yǒu shāng yí qīn yōu dé yǒu shāng yí qīn xiū
身有傷，貽親憂；德有傷，貽親羞。

qīn ài wǒ xiào hé nán qīn zēng wǒ xiào fāng xián
親愛我，孝何難；親憎我，孝方賢。

qīn yǒu guò jiàn shǐ gēng yí wú sè róu wú shēng
親有過，諫使更。怡吾色，柔吾聲。

jiàn bú rù yuè fù jiàn háo qì suí tà wú yuàn
諫不入，悅復諫。號泣隨，撻無怨。

qīn yǒu jí yào xiān cháng zhòu yè shì bù lí chuáng
親有疾，藥先嘗。晝夜侍，不離牀。

sāng sān nián cháng bēi yè jū chù biàn jiǔ ròu jué
喪三年，常悲咽，居處變，酒肉絕。

sāng jìn lǐ jì jìn chéng shì sǐ zhě rú shì shēng
喪盡禮，祭盡誠。事死者，如事生。

出則悌

xiōng dào yǒu dì dào gōng xiōng dì mù xiào zài zhōng
兄道友，弟道恭。兄弟睦，孝在中。

cái wù qīng yuàn hé shēng yán yǔ rěn fèn zì mǐn
財物輕，怨何生。言語忍，忿自泯。

huò yǐn shí huò zuò zǒu zhǎng zhě xiān yòu zhě hòu
或飲食，或坐走，長者先，幼者後。

zhǎng hū rén jí dài jiào rén bú zài jǐ jí dào
長呼人，即代叫；人不在，己即到。

chēng zūn zhǎng wù hū míng duì zūn zhǎng wù jiàn néng
稱尊長，勿呼名；對尊長，勿見能。

lù yù zhǎng jí qū yī zhǎng wú yán tuì gōng lì
路遇長，疾趨揖；長無言，退恭立。

qí xià mǎ chéng xià chē guò yóu dài bǎi bù yú
騎下馬，乘下車。過猶待，百步餘。

zhǎng zhě lì yòu wù zuò zhǎng zhě zuò mìng nǎi zuò
長者立，幼勿坐；長者坐，命乃坐。

zūn zhǎng qián shēng yào dī dī bù wén què fēi yí
尊長前，聲要低；低不聞，卻非宜。

jìn bì qū tuì bì chí wèn qǐ duì shì wù yí
進必趨，退必遲；問起對，視勿移。

shì zhū fù　rú shì fù　shì zhū xiōng　rú shì xiōng
事諸父，如事父；事諸兄，如事兄。

謹

zhāo qǐ zǎo　yè mián chí　lǎo yì zhì　xī cǐ shí
朝起早，夜眠遲。老易至，惜此時。

chén bì guàn　jiān shù kǒu　biàn nì huí　zhé jìng shǒu
晨必盥，兼漱口；便溺回，輒淨手。

guān bì zhèng　niǔ bì jié　wà yǔ lǚ　jù jǐn qiè
冠必正，紐必結；襪與履，俱緊切。

zhì guān fú　yǒu dìng wèi　wù luàn dùn　zhì wū huì
置冠服，有定位；勿亂頓，致污穢。

yī guì jié　bú guì huá　shàng xún fèn　xià chèn jiā
衣貴潔，不貴華；上循分，下稱家。

duì yǐn shí　wù jiǎn zé　shí shì kě　wù guò zé
對飲食，勿揀擇；食適可，勿過則。

nián fāng shào　wù yǐn jiǔ　yǐn jiǔ zuì　zuì wéi chǒu
年方少，勿飲酒；飲酒醉，最為醜。

bù cóng róng　lì duān zhèng　yī shēn yuán　bài gōng jìng
步從容，立端正；揖深圓，拜恭敬。

wù jiàn yù　wù bǒ yǐ　wù jī jù　wù yáo bì
勿踐閾，勿跛倚；勿箕踞，勿搖髀。

huǎn jiē lián　wù yǒu shēng　kuān zhuǎn wān　wù chù léng
緩揭簾，勿有聲；寬轉彎，勿觸棱。

zhí xū qì　rú zhí yíng　rù xū shì　rú yǒu rén
執虛器，如執盈；入虛室，如有人。

shì wù máng　máng duō cuò　wù wèi nán　wù qīng lüè
事勿忙，忙多錯；勿畏難，勿輕略。

dòu nào chǎng　jué wù jìn　xié pì shì　jué wù wèn

鬥鬧場，絕勿近；邪僻事，絕勿問。

jiāng rù mén　wèn shú cún　jiāng shàng táng　shēng bì yáng

將入門，問孰存；將上堂，聲必揚。

rén wèn shéi　duì yǐ míng　wú yǔ wǒ　bù fēn míng

人問誰，對以名；吾與我，不分明。

yòng rén wù　xū míng qiú　tǎng bú wèn　jí wéi tōu

用人物，須明求；倘不問，即為偷。

jiè rén wù　jí shí huán　hòu yǒu jí　jiè bù nán

借人物，及時還；後有急，借不難。

信

fán chū yán　xìn wéi xiān　zhà yǔ wàng　xī kě yān

凡出言，信為先；詐與妄，奚可焉？

huà shuō duō　bù rú shǎo　wéi qí shì　wù nìng qiǎo

話説多，不如少；惟其是，勿佞巧。

jiān qiǎo yǔ　huì wū cí　shì jǐng qì　qiè jiè zhī

奸巧語，穢污詞，市井氣，切戒之。

jiàn wèi zhēn　wù qīng yán　zhī wèi dí　wù qīng chuán

見未真，勿輕言；知未的，勿輕傳。

shì fēi yí　wù qīng nuò　gǒu qīng nuò　jìn tuì cuò

事非宜，勿輕諾；苟輕諾，進退錯。

fán dào zì　zhòng qiě shū　wù jí jí　wù mó hu

凡道字，重且舒，勿急疾，勿模糊。

bǐ shuō cháng　cǐ shuō duǎn　bù guān jǐ　mò xián guǎn

彼説長，此説短，不關己，莫閒管。

jiàn rén shàn　jí sī qí　zòng qù yuǎn　yǐ jiàn jī

見人善，即思齊，縱去遠，以漸躋。

jiàn rén è　jí nèi xǐng　yǒu zé gǎi　wú jiā jǐng
見人惡，即內省，有則改，無加警。

wéi dé xué　wéi cái yì　bù rú rén　dāng zì lì
惟德學，惟才藝，不如人，當自礪。

ruò yī fu　ruò yǐn shí　bù rú rén　wù shēng qī
若衣服，若飲食，不如人，勿生戚。

wén guò nù　wén yù lè　sǔn yǒu lái　yì yǒu què
聞過怒，聞譽樂，損友來，益友卻。

wén yù kǒng　wén guò xīn　zhí liàng shì　jiàn xiāng qīn
聞譽恐，聞過欣，直諒士，漸相親。

wú xīn fēi　míng wéi cuò　yǒu xīn fēi　míng wéi è
無心非，名為錯；有心非，名為惡。

guò néng gǎi　guī yú wú　tǎng yǎn shì　zēng yì gū
過能改，歸於無；倘掩飾，增一辜。

泛愛眾

fán shì rén　jiē xū ài　tiān tóng fù　dì tóng zài
凡是人，皆須愛；天同覆，地同載。

xíng gāo zhě　míng zì gāo　rén suǒ zhòng　fēi mào gāo
行高者，名自高；人所重，非貌高。

cái dà zhě　wàng zì dà　rén suǒ fú　fēi yán dà
才大者，望自大；人所服，非言大。

jǐ yǒu néng　wù zì sī　rén suǒ néng　wù qīng zǐ
己有能，勿自私；人所能，勿輕訾。

wù chǎn fù　wù jiāo pín　wù yàn gù　wù xǐ xīn
勿諂富，勿驕貧；勿厭故，勿喜新。

rén bù xián　wù shì jiǎo　rén bù ān　wù huà rǎo
人不閒，勿事攪；人不安，勿話擾。

rén yǒu duǎn qiè mò jiē rén yǒu sī qiè mò shuō
人有短，切莫揭；人有私，切莫説。

dào rén shàn jí shì shàn rén zhī zhī yù sī miǎn
道人善，即是善；人知之，愈思勉。

yáng rén è jí shì è jí zhī shèn huò qiě zuò
揚人惡，即是惡；疾之甚，禍且作。

shàn xiāng quàn dé jiē jiàn guò bù guī dào liǎng kuī
善相勸，德皆建；過不規，道兩虧。

fán qǔ yǔ guì fēn xiǎo yǔ yí duō qǔ yí shǎo
凡取與，貴分曉；與宜多，取宜少。

jiāng jiā rén xiān wèn jǐ jǐ bú yù jí sù yǐ
將加人，先問己；己不欲，即速已。

ēn yù bào yuàn yù wàng bào yuàn duǎn bào ēn cháng
恩欲報，怨欲忘；報怨短，報恩長。

dài bì pú shēn guì duān suī guì duān cí ér kuān
待婢僕，身貴端；雖貴端，慈而寬。

shì fú rén xīn bù rán lǐ fú rén fāng wú yán
勢服人，心不然；理服人，方無言。

親仁

tóng shì rén lèi bù qí liú sú zhòng rén zhě xī
同是人，類不齊；流俗眾，仁者稀。

guǒ rén zhě rén duō wèi yán bú huì sè bú mèi
果仁者，人多畏；言不諱，色不媚。

néng qīn rén wú xiàn hǎo dé rì jìn guò rì shǎo
能親仁，無限好；德日進，過日少。

bù qīn rén wú xiàn hài xiǎo rén jìn bǎi shì huài
不親仁，無限害；小人進，百事壞。

餘力學文

bú lì xíng dàn xué wén zhǎng fú huá chéng hé rén
不力行，但學文，長浮華，成何人？

dàn lì xíng bù xué wén rèn jǐ jiàn mèi lǐ zhēn
但力行，不學文，任己見，昧理真。

dú shū fǎ yǒu sān dào xīn yǎn kǒu xìn jiē yào
讀書法，有三到，心眼口，信皆要。

fāng dú cǐ wù mù bǐ cǐ wèi zhōng bǐ wù qǐ
方讀此，勿慕彼；此未終，彼勿起。

kuān wéi xiàn jǐn yòng gōng gōng fu dào zhì sāi tōng
寬為限，緊用功。工夫到，滯塞通。

xīn yǒu yí suí zhá jì jiù rén wèn qiú què yì
心有疑，隨札記；就人問，求確義。

fáng shì qīng qiáng bì jìng jī àn jié bǐ yàn zhèng
房室清，牆壁淨；几案潔，筆硯正。

mò mó piān xīn bù duān zì bú jìng xīn xiān bìng
墨磨偏，心不端；字不敬，心先病。

liè diǎn jí yǒu dìng chù dú kàn bì huán yuán chù
列典籍，有定處；讀看畢，還原處。

suī yǒu jí juàn shù qí yǒu quē huài jiù bǔ zhī
雖有急，卷束齊；有缺壞，就補之。

fēi shèng shū bǐng wù shì bì cōng míng huài xīn zhì
非聖書，屏勿視，蔽聰明，壞心志。

wù zì bào wù zì qì shèng yǔ xián kě xùn zhì
勿自暴，勿自棄，聖與賢，可馴致。

兒童經典啟蒙叢書

弟子規

編　　者：新雅編輯室
繪　　圖：李成宇
責任編輯：陳友娣
美術設計：李成宇
出　　版：新雅文化事業有限公司
香港英皇道 499 號北角工業大廈 18 樓
電話：（852）2138 7998
傳真：（852）2597 4003
網址：http://www.sunya.com.hk
電郵：marketing@sunya.com.hk
發　　行：香港聯合書刊物流有限公司
香港荃灣德士古道 220-248 號荃灣工業中心 16 樓
電話：（852）2150 2100
傳真：（852）2407 3062
電郵：info@suplogistics.com.hk
印　　刷：中華商務彩色印刷有限公司
香港新界大埔汀麗路 36 號
版　　次：二〇一八年七月初版
二〇二四年四月第三次印刷

ISBN: 978-962-08-7090-3

18/F, North Point Industrial Building, 499 King's Road, Hong Kong
Published in Hong Kong SAR, China
Printed in China